「人生若加上貓咪，其和為無限大。」

●里爾克（Rainer Maria Rilke）

人類太忙，貓咪的事自己來

文字・攝影 李龍漢

翻譯 簡郁璇

自序

　　在這浩瀚無邊的宇宙，滄海一粟的緣分，讓我遇見你，來到了此地。不敢肯定是否因此變得更加幸福，但確定的是，多了一些歡笑，也多了一些淚水。

　　八年前，初次踏入貓咪的領域時，曾有過這般想法，「原來，貓咪和我們一同生活在此處啊」。在此之前，我不曾有過共生的想法。因為不懂貓咪，也就沒機會想到與牠們共生共存。遇見貓咪之後，我明白了過去未曾了解的世界。

　　不管是我對貓咪表達的惻隱之心，或是貓咪給予我的安慰，這些時光都讓我無法忘懷。貓咪為我帶來了字句，以及叫人驚豔不已的照片。世上有數不清的人類，數不盡的貓咪，彼此能夠相遇、結下緣分，就像一場奇蹟。也因此，這緣分更為珍貴無價。

　　此書描寫了因各自的故事來到此地（獼猴桃樹屋）的九隻貓咪、在此

誕生的七隻貓咪寶寶，與五個人類同甘共苦的故事。特別是兩歲十個月大的兒子與貓咪於醬缸台上嬉戲、庭院遛達，在與貓咪建立友誼的環境下成長的模樣，是令身為父親的我深感欣慰的風景。

　　這本書沒有讓人於心不忍或悲傷的故事，也沒有大聲疾呼街貓所面臨的沉痛現實。只有懷著複雜微妙的出生祕密，橫衝直撞、相親相愛的十六隻貓咪，以及時而如童話般、時而又如漫畫般的故事。

　　我希望即便是對貓咪不感興趣的人，也能輕鬆地隨手翻閱。這是身為一名過來人所說的話，不過這或許會成為你的未來。因此，願你能允諾，讓貓咪在你的心上稍作停歇。

2015年 李龍漢

目錄

介紹登場的貓咪

桑葚

典型的虎斑貓,從危險車道搶救回來的貓咪三劍客之一。來到獼猴桃樹屋後,連續擔任兩年的風紀股長,「丐幫幫主」的地位至今屹立不搖。被遺棄在碾米坊的四隻黃斑貓剛來時,做完節育手術的桑葚擔當起保母,讓小貓咬著沒有奶水的乳頭。牠還是撿貓咪回家的罪魁禍首。某天,桑葚從山上帶回一隻三色貓,讓牠待了下來。大致對所有貓咪算是溫和,但若是碰到挑戰自己權威的傢伙,就會毫不留情地使用蠻力加以嚴懲。是最討妻子歡心的貓咪。

櫻桃

典型的三色貓,從危險車道搶救回來的貓咪三劍客之一。三劍客中唯一的母貓,是獼猴桃樹屋的夫人,也是操縱桑葚的心的背後掌權者。一共懷孕兩次,生下了七隻貓寶寶,養育第二代大麥、燕麥、小麥時,把從路邊帶來的昂哥當成孩子養育。非常喜愛雞胸肉的櫻桃王妃,留下了「倘若沒有飼料,何不食雞胸肉?」的名語錄。因為主要由我負責替庭院裡的貓咪準備零食,每逢週末到鄉下時,櫻桃都會熱烈地迎接我,也會帶著遺憾的眼神,目送我離開。

小杏

背上有紋路的黃斑貓，同樣是從危險車道搶救回來的貓咪三劍客之一。三劍客很喜歡當跟屁蟲，特別是岳父走到哪兒，小杏就跟到哪兒。小杏不僅是岳父同行的好夥伴，岳父工作時，小杏也會隨時在一旁等候，拍照時也是最合作的貓咪。但是櫻桃生寶寶之後，經常被懷有警戒心的桑葚趕出地盤。

大麥、燕麥、小麥

櫻桃第一次懷孕時生下的三兄妹，推測牠們的爸爸是桑葚。三隻都是虎斑貓，大麥全身有著明顯虎紋，伸手抓逗貓棒的身手是選手級的。燕麥則是以額頭為中心，兩側有虎紋的貓咪，只要看見人類的手就會去舔拭。小麥是三隻裡頭唯一的母貓，也是警戒心最強的。三隻貓咪與之後從路上帶回來的昂哥，雖如同兄弟姊妹般一起吃喝玩樂，但在決定性的瞬間，牠們會團結起來「排擠」昂哥。

昂哥

散步途中邂逅的貓咪。我們很突然地將失去媽媽、嗚咽了兩天的幼貓帶回來，託付給正在養育孩子的櫻桃。打從第二天開始，櫻桃就視為己出，餵昂哥奶水。比櫻桃更喜歡人類，從小就經常坐在玄關前，只要有人現身，就跟著趴趴走。「昂哥」是兒子隨興取的名字。也許是基於一種替牠命名的責任感，兒子最喜歡昂哥。岳母也因為牠經常跟前跟後，最疼愛這傢伙。但或許就像桑葚把小杏當成第三者般，偶爾桑葚也會猛打昂哥。

黃斑貓

岳父對被拋棄在鄰村碾米坊的四隻小黃斑貓起了惻隱之心，親手將牠們帶回來。岳父根據牠們背上白毛的多寡，幫牠們取了小白、中白、大白、無白的名字，但因為很難區分，所以就統稱為黃斑貓。兒子把黃斑貓裡頭警戒心較低、會主動接近人的傢伙稱為「甜甜」（小白），把臉上彷彿沾上咖哩般的傢伙稱作「蜜蜜」。來到獼猴桃樹屋之後，牠們把做完結紮手術的桑葚當成媽媽，沒事就吸吮桑葚沒有奶水的乳頭。

三順

貓咪撿回來的貓咪。某天，桑葚從山上帶回一隻三色貓寶寶，從此牠就完全依賴桑葚，在此過活了。至於名字，自然而然就變成三順。牠或許認為自己並非此地的一員，而是位客人，所以不太和其他貓咪打交道，飯也分開吃，只會跟在監護人桑葚後頭。討厭看到這副模樣的櫻桃，偶爾會把牠帶到角落訓話。只要拿出相機，牠就會逃跑，因此在照片中的比重幾乎是零。

蝦米、攏好、嘸災、三藏

櫻桃生下的四兄妹，全身都是淺色虎紋的是「蝦米」、紋路顏色深一點的是「攏好」、全身幾乎接近白色，只有額頭和尾巴是虎紋的「嘸災」。嘸災的背部下方有著特殊的圓點，尾巴向上提起時，會很巧妙地變成一個問號的形狀，所以名字叫做「嘸災」。三藏是花紋簡單鮮明的三色貓，蝦米和攏好是公貓，嘸災和三藏則是母貓，比起第二代的大麥、燕麥和小麥，身為第三代的這些毛小孩對人的警戒心較強。

1

偶然
成了媽媽

「人生若加上貓咪，其和為無限大。」

● 里爾克（Rainer Maria Rilke）

某個濕氣重的夏日，在路上遇見了三隻貓寶寶。在車站前，辛苦地接下騎士從車道拯救出來的小傢伙們，一把抱進懷中，回到了家裡。從此刻開始，我將記錄下每個與牠們同甘共苦的日子。

貓咪擄獲人心的方法很簡單，
只要用那惹人憐愛的眼神就夠了。

如同人與人之間有所謂的緣分，人類與貓咪之間也有所謂的「貓緣」。而且，它會不經意地找上門來。那是某個夏夜（六月初）發生的事，是梅雨的氣息尚未消退，雨水與草混雜的霉味從路旁升起的一個夜晚。我和太太約好去散步，從家裡走出來，月光優雅地灑落於水田上。偶有小溪邊的螢火蟲緩緩畫出飛行軌跡，伴隨著蛙鳴聲，狹口蛙的叫聲也微弱響起。

　　散步片刻，額頭便滲出了汗水。走了好一會兒，抵達車站前面時，某處傳來了奇妙的嗚咽聲。乍聽之下像是小雞聲，但豎耳仔細一聽，那是幼貓的叫聲準沒錯。循聲靠近，

那聲音停在車站前的空地上。奇怪了，那兒只有沿著自行車道而來，方才抵達的兩台自行車。

太太與我彷彿受了迷惑似的，朝著聲音的來源走去。其中一名騎士將背包掛於胸前，弓著腰坐在自行車上。那聲音分明是從他懷中的背包傳出來的。「這不是貓咪的聲音嗎？」我小心翼翼地向他開口。「哦，是呀，我在來的大馬路上救出的。馬路那麼危險，有車子又有自行車來往，這些小傢伙卻在那兒喵喵叫著。我怕牠們會受傷，所以把牠們帶來了。」他打開背包，讓我們看在路上拯救的小貓。那是三隻幼貓──三色貓、虎斑貓和黃斑貓。

「原本有四隻，路上遇見的一位大叔說要養在農場裡，帶走了一隻三色貓。」那麼，背包裡剩下的三隻貓咪，打算怎麼辦呢？「我們是從慶州與蔚山來的，沒辦法把這些小傢伙帶到那裡，所以打算交給這裡的站長。」依我看來，這似乎不是什麼好主意。此處的站長確實收養了一隻貓咪，但不知是從哪兒聽來的，他不久前被派到其他地方去了。我也知道他把自己養的燕尾服貓帶走了，因為我之前偶爾也會在這裡餵貓咪吃乾糧。

不曉得新上任的站長是否會善待貓咪，即便是那樣，似乎也不可能在車站裡撫養三隻貓咪。「請交給我們吧，我們會帶走。」太太和我彷彿猜到彼此的心思，向騎士如此說道。其實，我們也沒有能力負責這些小傢伙一輩子，因為家中已經有五隻貓咪了。那麼，最好的辦法就是將這些貓咪分養出去。

　　打從說要負責小貓咪的那一刻，散步什麼的早已泡湯。不曉得牠們在路上喵喵叫了多久，但可以確定的是，這些小傢伙失去了媽媽，現在肚子一定餓壞了。太太與我決定結束散步回家去。藉著車站流瀉出的燈光一照，發現牠們不過是兩至三週大、還需要吃奶的一群小傢伙。因為貓毛鬆軟、身軀又嬌小，同時捧在雙手上的三隻貓咪，顯得稚嫩而小巧玲瓏。

　　太太的懷裡抱著一隻，我的懷裡抱著兩隻，朝著家的方向走去。在回家的路上，約莫有三十分鐘，在懷裡的小傢伙嗷嗷嗚咽著，但或許是全身無力，聲音逐漸微弱，最後消匿於懷中。在沒有箱子的狀況下，我們就這樣胸口前掛著三隻貓咪，回到了家裡。儘管一回到家就把小傢伙們放下，但

看到牠們身子打著哆嗦，走路跟跟蹌蹌，於是又抱回懷中。牠們顯然還處於吃奶的年紀，卻和媽媽分隔兩地，來到了這裡。我將貓咪生病時主要吃的濕潤罐頭刨進水中，放在牠們面前，但小傢伙們還不懂得怎麼進食。

我必須用手指一一沾取，餵牠們吃，牠們才知道要吸吮。小傢伙們就連水也不會喝，所以我也得用指尖沾取才行。原本應該買貓咪奶粉給牠們吃，但夜色已深，只能隔天再去。身處陌生的環境，不安的貓咪們不斷呼喚著媽媽。但不安害怕的貓咪，不只是這些小傢伙，見到陌生貓咪，就等於見到人類一樣畏懼的五隻家貓，也變得相當敏感，各自躲在角落裡。

因為心生警戒，小貓咪與家貓的地盤彼此分開來，但不安的情緒卻是半斤八兩。反正在他人領養之前，小貓咪只能待在這裡，除了與家貓同居之外，也別無他法。我打開貓咪的房門，將裝了小貓咪的盒子送入，原本就因不安而顫抖的五隻家貓，立即魂飛魄散地逃向高處的置物架。

房裡雖有三隻母貓，但都對貓寶寶絲毫不感興趣。我雖希望至少能有一隻幫忙承擔媽媽的責任，但大家都被警戒心

桑葚（虎斑貓）

櫻桃（三色貓）

小杏（黃斑貓）

和恐懼包圍，甚至嗚咽著發出怪聲。膽小害怕的貓寶寶也緊貼著我們的身子，以減緩自己的恐懼。我望著八隻貓咪和此番情景，就這麼度過了一個躁動不安的夜晚。清晨一來臨，我隨即跑到動物醫院，買了一罐貓咪奶粉，因為無法放任不會吃飼料和罐頭的小貓咪不管。

我泡了一瓶滿滿的奶，逐一餵牠們喝，這些小傢伙們不知餓了多久，像是發狂似的拚命吸吮，只有一個奶瓶根本就不夠。就這樣，我在毫無預期的狀況下成了貓媽媽。許久未飽餐一頓的小傢伙們，紛紛露出滿足的表情，整梳著毛髮，接著在人類媽媽的懷裡呼嚕呼嚕地睡著了。有別於吃飽喝足的貓寶寶，五隻家貓則面露不滿，盯著管家從一大早就忙著照料不知從哪兒蹦出來的傢伙。對家貓來說，貓寶寶顯然是一群不速之客。

貓寶寶與家貓仍彆扭地同居著。就算要送養，也得等牠們脫離奶粉期。一群家貓持續叫囂著，我則忙著扮演突如其來的貓媽媽角色而暈頭轉向。每隔四小時就要餵貓寶寶，還要輕撫寶寶的肚子，幫助牠們順利排便。即便面對我這個新手媽媽，貓寶寶只要看到我就會喵喵叫，爬到我身上玩耍，

像個孩子般撒嬌。我也因為這些小傢伙可愛的模樣，沉浸於育兒的樂趣，而不覺時光流逝。

　　幾個小傢伙的肚腩越來越大，一只奶瓶已無法餵飽三隻貓咪。從這時候開始，我一天會把雞胸肉搗碎兩次，混在奶粉裡頭，但食物瞬間就見底了。每天都吃得飽飽的小傢伙們，成長得很快。牠們越來越頑皮，沒事就跑來跑去，或在家貓面前假裝打架。甚至身形大的貓咪經過時，也會猛然飛奔過去，試著跟對方開玩笑。不過幾隻大貓可沒打算理會，最後小傢伙們只好轉移對象，跑來糾纏人類。

　　根據先前的經驗，即便是還在吃奶的幼貓，仍對人類有警覺心，但這些小傢伙卻完全不會。只要看到人就跑過來抱住，動不動就搭著人類的身子，爬到頭頂上。特別是三色貓櫻桃，似乎把登山當成了興趣。從我的腳底下啟程的登山之旅，一直要到抵達我的頭頂上，無法再往上爬為止才會結束。只要將這傢伙從頭上抓開、放到地上，牠就會帶著充滿冒險精神的眼神，再次爬到我的身上。黃斑貓個性很開朗，虎斑貓則是很勇敢。

小杏啊，看到了嗎？
這裡是你以後要生活的地方喔！

從路上帶回桑葚、櫻桃與小杏的那
一天，也像這樣抱個滿懷。回到家
之後，牠們動不動就會沿著褲子攀
爬，跳進我的懷中。

就這麼過了三週，是時候尋找領養貓咪的人了。站在貓媽媽的立場，自然是想把所有孩子都留在身邊，但要在如此窄小的房子內養八隻貓咪太過吃力。此時，比任何人都了解我們苦衷的岳父伸出了援手，決定在自家庭院養三隻貓咪（大概是想用來抓老鼠）。太太的娘家位於偏遠的山村，以貓咪要生活一輩子的環境來說，沒有比這更好的地方了。其實，當時岳父、岳母考慮到我們夫妻倆的狀況，正好在幫我們帶孩子，而小貓咪似乎也能和兒子作伴。

　　最重要的是，這下也不必和產生感情的貓咪分開了。從路上帶回來的三隻小貓咪，就這麼獲得了新窩。擔任貓媽媽一個月左右，我帶著這些小傢伙到太太位於深山的娘家。還有，如同幾年前將兒子託付給岳父時一樣，我懷著歉意將三隻貓咪擱在那兒。結果，兒子比任何人都更熱烈歡迎小貓咪的到來。

　　兒子不停地擁抱、撫摸貓咪，幾乎像是在折磨牠們。到最後，小貓咪從兒子的身邊逃離，躲到我這個「既是兒子的爸，又是貓咪的媽」的人懷中。

　　但從此刻開始，小傢伙的新媽媽是岳父了。牠們彷彿在舉行什麼儀式般，在我胸口前扒呀扒。我將牠們一隻隻拉開，移交給

岳父。這一刻，以不熟練的動作接下貓咪的岳父，終於成了貓咪的媽媽。

每個人都有過
燦爛耀眼的童年。

當貓咪的媽媽也不容易。

剛帶回三隻貓咪時，這些小傢伙連走路都搖搖晃晃的，現在已能穩穩地捧著奶瓶喝奶。貓咪的幼年時期，每天都有變化。

沒地方往上爬了，小貓咪登山之行結束。
（這小子得寸進尺，居然爬到我頭頂上來了。）

可以讓我在你的心上
逗留一下下嗎？

梅雨還沒說好何時來訪，
而這裡正值小貓的季節。

這個人類
現在是人質喔，
要是現在不立刻放我下去，
我就要用可怕的舌頭舔你手背了！

別將我的美貌
昭告天下喔。

貓咪是一種愛情「貓藥」，
只要陪伴在身邊就很療癒。

為你費力跨出的第一步應援，
加油啊，小貓咪！

在耳畔喵喵叫
的貓咪

每個人的胸口都有
一隻貓咪

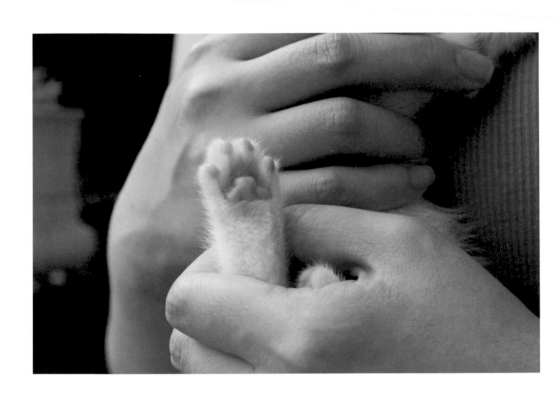

粉色果凍。

巧克力果凍。

覺得孤單嗎？
那我向你推薦貓咪喔。

櫻桃與兒子初次相見。
雖是第一次打照面，彼此卻毫不陌生。

貓咪之間
有著這樣的傳聞。

「只要用可憐兮兮的眼神盯著五秒鐘！
那麼馬上就會有食物掉下來。」

幼貓成長得很快。就像喝著母奶的小不點，在整順
自己的毛髮後，一轉身就變成了成貓一般。

哇，水好甜！
果然是裝在醬缸內的水最甘甜。

這孩子長大之後，

變成了這樣。

2

貓咪能
成為最佳夥伴

「貓咪能成為人類最好的朋友，
但貓咪不會放低姿態來承認這件事。」
　　●道格‧拉森（Doug Larson）

打從兒子還在襁褓時期，貓咪便是很親切熟稔的動物。他剛出生回到家時，在玄關前最先向他打招呼的，也是五隻家貓。

兒子和貓咪們隔著紗窗在玩耍。
不管是孩子或貓咪，
都同樣喜歡玩耍。

太太位於偏僻山區的娘家，被我們一家人稱為「獼猴桃樹屋」，但在我看來，這裡距離成為「貓屋」的日子不遠矣。在三隻貓咪完全被獼猴桃樹屋接收前，曾在這裡度過三次週末的適應期。週末去看兒子時，貓咪也會同行。話雖如此，對於貓咪而言，那是一趟苦難之行。每到週末，被裝載於後車廂的三隻貓咪總嚶嚶叫著（比起喵喵聲，那更像小雞在叫），甚至還暈車了。

　　其實，貓咪倒也不見得需要適應期，說不定真正的原因另有其他。或許，該說是體諒家裡的五隻貓咪？自從三隻幼貓到來，五隻家貓各方面承受了不少壓力。平時，大部分的

家貓都會爬到高架上打發時間，但有兩隻乾脆在那兒占著不走了，不只寧願餓肚子，廁所也忍著不去上。因此，我想一個禮拜好歹要給家貓兩天的自由與和平的時間。最後，幼貓在一個月後離開了，家貓的神情絲毫沒有一絲惋惜，反倒像是鬆了一口氣。五隻貓咪全在幼貓離開後恢復了平穩的生活，樣子也開朗許多。

倒是遠在獼猴桃樹屋的三隻幼貓，又得重新適應環境了，這也是中途貓咪無可奈何的命運。對於會認空間的貓咪而言，熟悉「生活環境」需要一定時間。把剛出生一個月餘的貓寶寶直接放在庭院裡，是一件危險的事。再說，這裡是山區，是野獸經常出沒之處。不管怎麼樣，先在室內適應一個月左右，再放到庭院裡比較好。於是決定暫時讓三隻幼貓住在倉庫（先前有人住過的建築物）。

將三個小傢伙安頓在倉庫後，一家人又為了替貓咪命名，聚在了一塊。替這些小傢伙取名字並不困難，因為我們說好要拿周圍可見的果實或水果名來命名。最後，我們決定虎斑貓叫做桑葚，三色貓是櫻桃，黃斑貓則是小杏。本來獼猴桃、木瓜、山櫻桃是候補名單（腦海雖也閃過夏卡爾或

康德等高雅的名字，但感覺很無厘頭，跟這裡也不搭調），不過桑葚、櫻桃、小杏聽起來更大器。當然啦，命名的過程中，才兩歲十個月的兒子都被排除在外，因為也沒辦法將這件事交給剛學說話的孩子，但兒子似乎很滿意桑葚、櫻桃、小杏這幾個名字，他隨即向貓咪跑去，頻頻喚著牠們的名字。

其實，對兒子而言，貓咪是很親近熟稔的動物。他剛出生回到家時，在玄關前最先向他打招呼的即是家貓。有一段時間，只要打開孩子的房門，貓咪就會接二連三地跑來觀賞，兒子也帶著饒富趣味的表情，和幾隻貓咪對上眼。特別是藍波，只要兒子嚎啕大哭，牠就會帶著擔憂的表情跑來喵喵叫，彷彿是在說：「孩子哭了，快去看他！」

兒子和貓咪同居了將近一年時間，那時，和貓咪打成一片，是再自然不過的事。儘管搬到太太娘家住之後，有兩年左右的空白期，但再度見到貓咪的兒子，仍毫無顧忌地接近貓咪，也很理所當然地撫摸貓咪，和貓咪玩在一塊兒。對於居住在山區的兒子來說，就像是突然多了三個朋友。儘管站在貓咪的立場，可能會認為他是個「煩人的傢伙」，不過幾個小不點能共度童年時期，應該也不壞。

但是，被關在室內度過適應期的貓咪悶壞了，多次試圖從窗戶逃脫。雖然在完全適應之前，我們臨時設置了鐵網，避免牠們跑到外頭，但這些傢伙還是攀上了鐵網，對著外頭的世界探頭探腦。起初兩個禮拜，牠們就像「蜘蛛貓」般掛在鐵網上，或者艱辛地爬過鐵網，但到了第三週，這些傢伙已能自由進出內外。也沒等到適應期結束，我們就當牠們已大致習慣了「獼猴桃樹屋」。所以，把牠們放在室內也沒太大意義。既然沒理由等一個月期滿，貓咪的倉庫大門也就從此大開了。

貓咪彷彿碰到水的魚兒般，開始在獼猴桃樹屋周圍蹦蹦跳跳。不是從倉庫一路奔至住家，就是在鱗次櫛比的醬缸台上淘氣跳躍。一天在醬缸台旁的櫻花樹和白樺樹爬上爬下好幾回，動不動就拉扯鞋帶，讓好好的一雙鞋變得奇形怪狀。才來獼猴桃樹屋不到一個月，貓咪似乎已完美適應此處獨特的「地盤」與「人」。岳父出去餵貓咪時，櫻桃就會立即跑來，擋住他的去路，桑葚則以四腳朝天的姿勢躺在一旁，而小杏還會搭著岳父蹲著的身子往上攀爬。

桑葚、櫻桃、小杏都是像狗狗一樣，喜歡跟著人的善良

完全不用適應室內空間，直接就朝外
頭奔去的一群貓咪。寬敞的庭院、醬
缸台、後山和山谷，現在全是這些傢
伙的地盤了。

貓咪，但是牠們對待兩歲十個月大的兒子卻稍有不同。牠們似乎認為，兒子不僅給不了牠們食物，還是個不時搗蛋、不懂事的傢伙。儘管如此，只要兒子從家中走出來，貓咪就會帶著一種「好吧，禮貌上我們就陪你玩一會」的表情，接二連三地跟在屁股後頭。兒子領頭、貓咪尾隨其後的模樣就如同一幅畫，但因為不曉得這小子何時會高聲大喊、跌倒，甚或來個突發行動，所以貓咪的警戒心絲毫不敢鬆懈。或許該說，他們是一種似朋友又非朋友的關係？

如此這般，兒子有了貓咪朋友，貓咪也有了小小朋友作伴。反正在這偏遠山村，兒子也不會有其他朋友。兒子是和田埂的草兒、山林樹木與路邊野花一同成長的。非洲有這麼一句俗諺「想養一個孩子，就需要整個村子」，在這偏遠的山村，就需要整個大自然。都市的孩子在學習辨別無數車輛、背誦名稱時，兒子則吟唱著各種樹木與小草的名字，十分悠然自得。都市的孩子熟稔地搭電梯、過斑馬線時，兒子則是在乾硬的山路上散步，遙指明月，步上回家的歸途。

只要兒子在醬缸台上扮家家酒，以桃花葉做飯，把蒲公英當成小菜，貓咪就必定會喵喵叫著現身。問題在於，兒子

會把扮家家酒的飯菜拿來餵貓，這時貓咪們就會魂飛魄散、落荒而逃。對兒子來說，只要打開門就能見到一群貓朋友（但對貓咪而言，則是家裡住了一個淘氣鬼）。而放在黃土房內木質地板上的床墊（媽媽從小學開始使用，最後留給了兒子），如今讓貓咪給占據了。不管白天夜晚，貓咪都待在那上頭。

　　兒子和貓咪總是隔著紗窗相見。貓咪彷彿窺探動物園般往內瞧，房內的兒子則是不停地捉弄貓咪，不是將蒼蠅拍放在紗窗上，就是隨便拿根棍子，當成逗貓棒晃來晃去。貓咪卻很配合兒子的惡作劇，牠們會攀爬紗窗去抓，或者三隻同時掛在紗窗上，擺出「受困於蜘蛛網上的蝴蝶」般的姿勢。儘管外公經過時，總大聲斥責，貓咪的爪子會把紗窗的縫隙撐大，不過，我和兒子曾多次看著受困於紗窗上的貓咪捧腹大笑。

　　到了晚上，貓咪也經常為了抓紗窗上群聚的飛蛾，在跳上跳下時卡住了爪子。牠們會坐在燈光下，津津有味地享用好不容易抓來的飛蛾。問題在於第二天，牠們會若無其事地用嘴巴舔兒子的手腕和手背。或許是因為從小就開始飼養，這些傢伙特別喜歡跟著人。不管喜歡與否，牠們都跟兒子很

即便是被揹在背上，
也要撫摸貓咪的兒子。

岳父替庭院的貓咪親手打造的貓爬架。儘管看來粗糙，卻是能充分展現岳父心意的禮物。沒想到原本對貓咪漠不關心的岳父，竟在一夕之間有如此大的變化。

合得來。當兒子走到外頭，也會先去找貓咪。有一次，兒子用宏亮的聲音喊著：「桑葚啊，小心傷腎。」真沒想到，才兩歲十個月的兒子還懂得開這種玩笑。

打從兒子口中蹦出這句話後，「桑葚啊，小心傷腎。」就成了獼猴桃樹屋的最佳金句，一直流行到夏季結束。雖然岳母曾試著把「小杏的小確幸」變成流行語，但也只是一時。創造各種流行語時，櫻桃不巧都坐了冷板凳，但不久後，櫻桃就多了一個很棒的暱稱──櫻桃王妃。雖然不像歷史人物瑪麗・安東妮王妃一樣性格輕佻，但因為櫻桃格外喜愛雞胸肉，所以留下了「沒有飼料？何不食雞胸肉？」的語錄。

蜘蛛貓

因為貓咪老是攀爬，

跨越裝在窗戶上的鐵戟網，

三隻貓咪的室內生活

很快就結束了。

在這裡，貓咪不需要逗貓棒，
只要一支長長的草就夠了

「貓咪知道誰喜歡自己，誰又討厭自己，
但這個事實對牠們來說無所謂。」
　　　　——溫妮佛德・葛拉格（Winifred Gallagher）

櫻桃親吻了兒子的臉頰。
如此這般，
兒子與貓咪縮短了彼此的距離，
變得親近起來。

院子裡的貓咪喜歡有人拔雜草，因此總是待在一旁。原因很簡單，每次拔起雜草時，貓咪的獵物——蚱蜢與蟋蟀等飛蟲就會蹦出來！

兒子啊，聞貓咪的屁屁好像有點……貓咪
看兒子的眼神中，絲毫不帶有警戒心，彼
此就這樣成了朋友。

散步的路上有貓咪相隨。
因為山裡沒有朋友，
貓咪三兄妹就成了
兒子唯一的朋友。

與朋友同行。

鄉下貓咪的其中一項特權，
即是能把白樺樹、柿樹、銀杏樹等
當成貓爬架或貓抓板來用。

用來裝菜園蔬菜的籃子，搖身變成「貓籃」。為了將菜籃弄到手，三隻貓咪展開激烈的心理戰。光憑一個菜籃，就能令原本感情好的三兄妹反目成仇。

「沒有飼料？
給我罐罐就行了。
也沒有罐罐？
那吃雞胸肉就好啦。」
——櫻桃王妃語錄

醬缸台的用途變多了。對院子裡的貓咪而
言,醬缸台是貓爬架,亦是水碗。天氣若
好,就上去梳梳毛,下過雨後,就上去喝
水,因此我把獼猴桃樹屋的醬缸台稱為「貓
缸台」。

兒子所到之處，都有貓咪如影隨形。先是各
自行動，某一刻又玩在了一塊兒。

見到貓咪以驚人的跳躍力，跳上了醬缸，心生
羨慕的兒子，也爬到蒸缸上頭坐著。
（趁外公生氣前趕快下來！）

帶著陰險微笑，打算將貓咪一把擁入懷裡
的兒子，察覺到不對勁、帶著懷疑眼神的
貓咪，還有愉悅地望著此番情景的我。

「要吃這個嗎?」
勸貓咪
吃素的
兒子。

不妨把貓咪
排在你的
療癒清單最上方。

不省「貓」事
經歷盛夏的暑氣後，
睡到不省貓事的貓咪。

「細看方知它美，
看久才深覺它惹人憐愛，
你也是如此。」
——羅泰洙〈野花〉

把「野花」換成貓咪，也是相同的。

「給予孩子一個學習正確經驗的機會吧。
當孩子在動物身邊長大，
就會自然學習到對待動物的態度。
與動物親近的孩子，長大後將成為懂得善待動物、
心中有愛與同情心的人。」

——珍·古德（Dame Jane Goodall）

情境照，
「是掉下巴嗎?」

小杏家的
糯米糕真好吃。

試著靜靜地伸出你的手。
倘若貓咪願意將前腳擱於你的手上，
就代表牠非常信賴你。

貓咪是一種讓人摸不透的生物，其一就是這檔事。為何放著那麼大的空間不走，偏要擠在窄到不行、還可能被絆倒的雙腿之間呢？

以貓咪身分來到地球生活的小杏，和作為人類小孩來到地球生活的兒子，兩者能在此時此刻相遇，就是一種不可思議的「緣分」。

3

歡迎來到
貓咪武術學校

「唯有在無法拍照時，貓咪才會擺出最奇妙、有趣、
優美的姿勢，所以貓咪月曆上往往只有令人失望的大眾化姿勢。」

●J.R.寇爾森（J.R. Coulson）

兒子長大了一點，
貓咪則是長大了好多。

若想學習人生的重要道理，
就向貓咪學習吧。
──詹姆斯・克隆威爾（James Oliver Cromwell）

桑葚、櫻桃、小杏適應庭院的方法很簡單,打從離開倉庫那刻開始,這些傢伙就很入境隨俗。不知不覺地,夏季走向尾聲,迎來了秋天。在酷暑肆虐的夏季,牠們時而跑到後山尋找陰涼處,時而跑到醬缸台,也曾覦覷過水渠。這些傢伙的地盤逐漸擴張,牠們將獼猴桃樹屋與後山全都納為己有。除了山下飼養多隻狗兒的人家之外,整個山谷都有牠們的足跡。

　　但是,早晨開門出來,三隻貓咪總會安分地坐在大門前。就算一時不見蹤影,只要依序呼喊貓咪的名字,牠們就會從草叢、醬缸台陰涼處、木質地板下方飛也似的跑過來,

爭先恐後地翻肚子，要人摸摸牠們。只要主人去哪兒，貓咪就跟在屁股後頭。不管是去白菜園、去小黃瓜田，或者是到後院，察看放置於陰涼處的木頭上是否長出香菇時，這些傢伙也會攀上木頭，在後面跟著。採收花生或挖地瓜時，牠們也會陪著一起挖地，共度田園時光。

拔雜草時，身旁也總有貓咪的身影，而且在半徑一公尺內就有三隻貓咪。原因很簡單，因為牠們想捕捉拔起雜草時四處彈跳的蚱蜢與蟋蟀。這些傢伙追捕獵物的身手日漸矯捷，也越來越大膽。抓老鼠算是例行事務，而在土裡橫行霸道，把地瓜或牛蒡等農作物弄得稀巴爛的天敵——田鼠也經常被抓。

直到下了幾場冷雨，山村的秋意才漸濃。天氣一變涼，貓咪彷彿身上來了勁，在獼猴桃樹屋內飛簷走壁，就連東奔西跑這樣的形容詞都不足以形容牠們，我也才明白，為什麼韓國人經常給貓咪取名「蝴蝶」。甚至當我想打開大醬缸或醬油缸，這些傢伙就彷彿在玩跳跳樂一樣，從那一頭咚咚咚地跳過來。滿滿陳列的醬缸台，徹底成了貓咪的遊樂場，於是我便開始稱這裡為「貓缸台」。但是，我也帶著些許擔

在清洗剛採收的花生時，硬要跑
來喝水的貓咪。小杏啊，你的
「小花生」也要小心喔。

憂，怕牠們跳著跳著，會弄破醬缸蓋。能在這山村無憂無慮生活的，也只有貓咪了。

生長於醬缸台前的三棵白樺樹，忠實地扮演著貓爬架的角色。這些傢伙會在進家門前的路徑（貓咪的跑道）上歡樂地跑跳，最後爬上白樺樹，下台一鞠躬。其實，觀看牠們跑跳也自有一番妙趣。跑道上演著各種動作片與武打戲，任何一個表情、一個動作都不容錯過。在此地，不僅有跆拳道、摔角、柔道與功夫打鬥，就連瑜伽和體操的奇妙姿勢也登場了。我也觀賞過三、四回，還情不自禁地拍手叫好。貓咪武術學校，果真是最佳的貓咪拍攝地。

敏捷的身手，展現出野生頂級掠食者的面貌，但看到人類時，翻肚子撒嬌的樣子，又令人覺得牠們可愛到了極點。桑葚、櫻桃、小杏不只會跟著我們一家人，有一回，送煤炭的大叔忙著將冬季使用的煤炭搬到臨時搭建的帆布倉庫，這些傢伙卻大剌剌地在大叔面前上演四腳朝天的戲碼，讓大叔受到不小的驚嚇。還有一次，因為電視收訊不佳，技工登門拜訪，結果所有貓咪全撲上去，緊貼著技師的腿，嚇得他一身冷汗。

在雪地上也忍不住要翻肚肚的小杏。
就算兒子扔雪球，跟牠鬧著玩，
這傢伙還是成天跟在兒子的屁股後頭。

外婆傳來的訊息中，還提過這樣的事。外公為了省卻去美容院的麻煩，於是讓兒子坐在院子裡，幫他剪起頭髮。替兒子蓋上紅布時，卻出現了奇怪的徵兆。貓咪突然蜂擁而上，對紅布又拉又扯，緊接著，有個傢伙咬了兒子的腳趾頭，另一個傢伙則蹭著從外公雙腿之間鑽過去，真不知道是在剪頭髮，還是在耍雜技。後來，兒子見到自己的頭髮像被狗啃似的，哭得唏哩嘩啦，外婆則是咯咯笑了起來。接著，貓咪又咬著紅布跑掉了，外婆說，從沒見過比這更混亂的場面了。

演完鬧劇之後，不一會兒貓咪又爬到藤盤內打盹，或跑進籃子裡曬太陽。偶爾也會跑到被陽光曬得暖呼呼的醬缸蓋上梳理毛髮。山谷的秋天，在濃霧的陪伴下走入了黑夜，霧氣從山下水庫升起，沿著山溝蔓延至獼猴桃樹屋，吞噬了視線。清晨打開門一看，山溝簡直成了一幅「夢遊桃源圖」。或許是初次見到這樣的情景，貓咪三劍客也各占據一個醬缸，坐在上頭觀賞。有時在朦朧的霧氣中，這幾個傢伙會忽地跳出來，接著又瞬間消失得無影無蹤。兒子偶爾也會和貓咪一起玩隱身霧中的遊戲。直到這一刻，這些傢伙渾然不

知，所有霧氣最終都會變成霜。

　　秋日尚未走入尾聲，冬天就突然來襲了。偏偏在十一月中旬下起了暴雪。一見到雪，兒子和貓咪都興高采烈的。外公一早就忙著掃除積雪，貓咪則忙著追逐掃帚與除雪鍬，無暇顧及其他。兒子呢，只要看到一大片的雪地，就會舒服地躺下，享受置身雪原的優遊自在。貓咪則以略微激動的模樣，迎來了生平第一個冬天，以及這輩子的第一場雪。牠們沒有因風寒而蜷曲著身子，反倒充滿了好奇心。兒子一時來了興致，欲罷不能地開起玩笑。他捏了許多雪球，朝著四腳朝天的貓咪肚腩進行雪球恐怖攻擊。這事來得太突然，貓咪來不及躲避，只能呆在原地，任他擺布。

　　儘管如此，兒子隨意地製作雪球時，貓咪們仍在一旁當起熱情捧場的觀眾。怕兒子會無聊，所以守在他身旁，偶爾蹭一蹭他被寒風吹得冰涼的褲管。貓咪三劍客的第一個冬天既漫長又冷冽，但寒流接二連三來襲之後，這些傢伙忽地變機靈了。牠們領悟到，沒事在雪地上踩來踩去，最後也只會讓腳受凍。三劍客在兼做廚房等多用途的倉庫度過了整個冬季，這也是牠們使用空間中最為溫暖的地方，不過，其實過

有貓咪相伴的童年。為了珍藏那些時光，我連續按下了快門。有時，珍貴的瞬間，會不經意地從指間流逝。

新年時，兒子說要給貓咪壓歲錢，
接著將熱狗分給了牠們。轉眼間，
兒子五歲了。

去這裡是個瀰漫老鼠屎尿味的場所。

　　然而，隨著貓咪占據此地，老鼠的痕跡也消失得無影無蹤。起初岳父會接納這些貓咪，目的是為了抓老鼠，但現在不管任務達成與否，岳父都會面帶笑容，看著這些毛小孩撒嬌和淘氣的模樣。全家人外出回家時，這些毛小孩還會在家門前排排坐，舉行歡迎儀式，或者集體躺在地上翻肚子。那麼，慶尚道出身的岳父就會喊著：「喂，把你們的屁股移開」，用腳試圖在貓咪之間挪出空隙，但嘴角仍帶著意味深長的微笑。

〈貓咪武術學校〉
想學什麼？跆拳道、
　　功夫、柔道、
　摔角，任君挑選。

曬貓咪中。
貓咪要晾在篩盤上，
才能徹底曬乾。

愛貓之人能娶到美嬌娘。

——法國俗諺

（你們說沒圖沒真相？）

心有靈犀？
手對手，
心連心。

左擁桑葚，
右抱小杏。

狗尾草是最佳的逗貓棒。
在日本，狗尾草是貓咪最喜歡的草，
所以被稱為「貓草」。

「在這兒都是這樣喝水的！」
即便水碗內盛滿了水，
這裡的貓咪仍偏愛醬缸蓋上的「甘甜露水」，
所以才能忍受用這麼不符合「貓體工學」
的姿勢來喝水。

愛心發射！
只有好心的人才能看到愛心喔！

想擁有寬大的心去面對世界，
最有效的方法就是陷入愛河。

兒子燃燒了兩天的藝術魂，完成了
雪貓咪。他說桑葚是他的模特兒，
到底哪裡像了？守在一旁的小杏和
桑葚，也是擺出一副「他到底在這
兒幹麼？」的表情。

下了連夜的暴雪，外頭化為雪國的
早晨。只有四頭野獸（三隻貓和兒
子）興高采烈地到處留下足印。

兒子拿著不知在哪兒偷捏的雪球，
朝著小杏的肚子丟去。冷不防被雪球砸到後，
小杏茫然若失的眼神，
就交給各位自行想像。

只要丟雪球給小杏，
牠就會捧著玩上許久。

用戴著手套的手，緊握住小杏在雪地上亂竄一陣後冰涼的貓掌，這傢伙帶著不知是覺得暖呼呼，抑或是滿足的表情，動也不動地，繼續要人摸摸牠。

有個辦法可以一直將貓咪抱在懷裡，
那就是戴上有帶子的帽子。

身為這世界的貓咪主義者，
不代表就要用貓咪的全知視角
來看待一切。

　　貓咪不知在雪地上忙些什麼，於是我走
近一瞧，真令人難以置信，牠正在堆雪
球呢！雖然不如人類堆的雪球精緻，但
牠是打算用在哪兒呢？或許是想拿來砸
手無零食卻跑來拍照的我，裡頭說不定
還有石子呢。

我是這區的大醬貓！
盤踞坐在大醬缸上的這傢伙，
大醬貓是也。

打哈欠
前一秒的怪怪表情。
我喜歡。

在世界的邊緣
呼喚貓咪。

「雖然能輕鬆來個
花式三周半跳，
不過今天沒什麼心情。」

貓咪想要教導我們，
不是萬事萬物皆有目的。
——加里森・凱勒（Garrison Keillor）

打鬧往往會變成來真的。在貓奴之間流
傳著這麼一句話：「貓咪打架時，手背
會破皮。」也就是說，要是想去勸架，
可能會有血光之災的意思。

茫然若失，宛如放下一切的這個姿勢，
感覺還不賴。雖然鬆垮的腰間肉，讓人
有些於心不忍……

將貓咪獻給你。
查爾斯‧狄更斯曾說過：
「沒有比『獲得貓咪的愛』更棒的禮物了。」

不要走。
每次只要撫摸桑葚，或輕撫牠的頭，
牠就會用雙手抱緊，
擺出「不要走」的姿勢。
不管是在幼年或長大之後，
這個姿勢都沒變。

倘若覺得我惹人憐愛，
臨走前，請先輕輕地摸摸我再離去。

小農夫與貓咪。

4

微妙複雜
的祕密

「世界上沒有平凡的貓咪。」

● 柯萊特（Colette）

Grooming someday.

格外漫長的冬天離去，春天來臨了。醬缸台與菜園周圍長滿了黃盈盈的蒲公英，鈴蘭、荷包牡丹與狗舌草也遍地開花。早春時，三椏烏藥和朝鮮白連翹含苞待放，不遠處則有櫻花與桃花盛開。有一回，我想拍攝三椏烏藥的花朵，將鏡頭擺在黃色花苞前，結果櫻桃大概是習慣擔任模特兒了，隨即爬到樹上擺出姿勢。櫻花綻放時，則換小杏當起我的模特兒。用不著指揮，這些毛孩子便積極投入春貓海報的拍攝，倒是桑葚這傢伙有些吊兒郎當的。不過，既然沒人要求貓咪配合，桑葚自然也沒理由出現在我眼前。

　　隨著春天的到來，貓咪三劍客之間產生了變化，進入

「發情期」的兩隻雄貓開始互相較量。剛開始只是輕拍的程度，但打鬥逐漸變得激烈起來。其實論起打架，小杏從小就不是桑葚的對手，至今仍是如此。所以要是桑葚和小杏認真打起來，小杏肯定是舉旗投降的一方。即便是同根生的兄弟，打架時也不認親的。隨著日子一天天過去，小杏被逐出地盤，我甚至得另外將牠的飯碗放到菜園的房子才行。

春意漸濃，櫻桃的肚子也慢慢隆起，但不知道誰才是爸爸。從去年夏天開始，後山下方的人家養了一隻用來抓鼠的貓咪（短尾黃斑貓），春天時，櫻桃有好幾次和那傢伙玩在一塊兒。但是當櫻桃在晚春（五月）生下三隻虎斑貓時，我們大致上都同意孩子的爸是「桑葚」。獼猴桃樹屋迎來了新的生命，櫻桃在起初度過適應期的倉庫安全地生下了寶寶。動作懶洋洋的小貓咪在一週後睜開了眼睛，閃爍著黑豆般的眼珠子，在媽媽懷裡鑽呀鑽。

毛色深濃的虎斑貓是大麥，耳朵旁有兩道岔開的虎斑紋的是燕麥，紋路主要集中於下半身的孩子則是小麥。大麥與燕麥是公的，只有小麥是母的。桑葚、櫻桃、小杏對待人總是很溫柔，只要有人喊，就會飛奔過來，但剛出生的毛小

櫻桃當媽媽了。

孩，性格或態度卻截然不同。打從幼貓時期開始，這些毛小孩便對供食的人懷有戒心。桑葚、櫻桃、小杏過去完全得依靠人類來維持自身的生存與安全，但剛出生的貓寶寶有媽媽負責解決一切，因此幾乎不需向人類冀求什麼。如此這般，三隻貓寶寶便依賴著櫻桃茁壯長大。

那時，發生了一連串意想不到的事。當時是五月底，太太和我打算出門散步，在村子的活動中心前面聽見了幼貓的嗚咽聲。其實凌晨時也斷斷續續聽到哭聲。也就是說，牠從凌晨就在這兒，一直嗚咽到晚上。我們一現身，這傢伙彷彿見到救世主般，立即擋住我們的去路，聲嘶力竭地哭喊著。聽附近的阿姨說，這傢伙前晚也是如此。以身形來推測，牠目前還是個無法自行獨立的小奶娃。

可是，卻不見遺棄小奶娃的貓媽媽身影。若是從前晚就在這兒喵喵叫的話，那表示貓媽媽肯定遭遇了變故。再說了，我不過是伸出了手，轉眼間牠已往我懷裡鑽，絲毫沒有分開的打算。散步再度泡湯，我們抱著這傢伙（小奶娃）回家，但依家裡的狀況，也無法撫養牠。而五隻家貓早已嗅到陌生貓咪的氣味，開始感到不安。即便關上房門將牠們分

將失去媽媽、喵喵叫的傢伙（昂哥）託付
給三隻幼貓的媽媽櫻桃。第一天，彼此還
很疏遠，第二天，櫻桃就照顧起昂哥，還
餵牠喝奶。

開，家貓仍不得安寧，連飯也不吃。

　　獼猴桃樹屋如今已有六隻養在庭院的貓咪，所以也不能貿然帶過去。果然除了送養之外別無他法了，但這次又是岳父、岳母伸出了援手。那裡有櫻桃餵幼貓奶水，就看牠願不願意接納這傢伙了。一週後，我把路上帶回來的小奶娃帶到獼猴桃樹屋去，把這傢伙放在櫻桃育兒用的倉庫一角，但無論是櫻桃或那些幼貓都不感興趣。即便如此，牠們也沒有齜牙咧嘴地表現敵意。第一天就這麼過去了。

　　接著，次日早晨見到了難以置信的風景。昨天帶來的小奶娃，彷彿一個月前就已待在這裡般，和其他幼貓相處融洽，甚至和牠們一塊兒吸吮著櫻桃的奶水。櫻桃也表現得泰然自若，將牠當成自己孩子般，讓牠咬著乳頭。小奶娃的「貓」際關係很好，加上臉皮也厚，不管在任何人或體型大的貓咪面前，都會翻肚子撒嬌。儼然牠已盤算好，要好好表現，才能繼續留在這裡。我將命名的任務交給了五歲的兒子，而他不假思索，隨即取了「昂哥」這個名字。所以，這傢伙的名字就成了沒有任何由來或意義的「昂哥」。

　　昂哥與大麥、燕麥、小麥不同，牠格外喜歡人類，從倉

庫到外頭的開放空間生活時，也總是跑到有人進進出出的玄關。要是有人從家裡出來，這傢伙就會毫不猶豫地跑過去，在人的腳邊磨蹭，大剌剌地躺成大字形，擋住人的去路。因為愛撒嬌又厚臉皮，昂哥瞬間晉升為彌猴桃樹屋最受歡迎的貓咪。兒子到外頭時，也因為善於交際的昂哥必定會跟在屁股後頭，所以跟牠最為親暱。有一回，兒子在外頭玩水槍遊戲，昂哥也很認真地跟著到處跑。日頭赤炎炎，其他貓咪都跑到陰涼處休息，只有昂哥應付這個五歲的小鬼，最後還被水槍打個正著。即便如此，這傢伙依舊沒頭沒腦地跟在兒子屁股後面。無怪乎外婆會看著昂哥，感嘆說道：「果然是貓咪啊，連吠都不會吠，如果牠會吠，那就是狗啦！」

在櫻桃忙著養育幼貓的期間，桑葚和小杏動不動就打架。只要認真打完一次大仗，小杏就必定會躲到附近小山上，好幾天都無法下來。這下子，只得讓見面就打架的桑葚和小杏盡快接受結紮手術了。就先從容易捕獲的桑葚下手吧。有一天，我抓著這傢伙到附近（四十分鐘車程）的動物醫院，即便是公貓，手術費也要十八萬韓元（約台幣近五千元），真是大失血。過去我曾多次帶社區內的貓咪去做結紮

打開在醬缸內發酵十年以上的醬油時，昂哥跑來
參觀。經常爬到醬缸蓋上，卻從未見過內容物的
傢伙，帶著神奇的表情欣賞醬油缸。把這醬油和
海帶、牛肉一塊兒拌炒後，煮出來的海帶湯味道
堪稱一絕。

手術，但這種情況卻是第一次碰到。往後也得讓其他貓咪接受手術才行，可是這費用實在令人卻步。

　　就在此時傳來了新消息。山下社區碾米坊的貓咪生下了三隻寶寶，卻面臨了被遺棄的危機。聽到貓咪馬上就要被碾米坊主人丟棄，起了惻隱之心的岳父立即將牠們救回來。光是黃斑貓就有四隻，住在獼猴桃樹屋的貓咪瞬間大客滿。第一代的院子貓咪有三隻，櫻桃生下三隻幼貓，從外頭救回來的昂哥，以及四隻黃斑貓，總共有十一隻（其中足有八隻是從路邊撿回來的）。櫻桃的反應則和昂哥來的時候截然不同，儘管沒表露戒心，但也絲毫沒有餵養牠們的想法。

　　一群黃斑貓視為媽媽的另有他人，那就是做完結紮手術後少了「小花生」的桑葚。黃斑貓來到這兒之後，就這麼跟著桑葚。只能推測牠們的媽媽大概是隻虎斑貓，找不到其他原因。這些傢伙不只跟前跟後，桑葚一躺下來，牠們就會像等待多時般咬著桑葚的乳頭。桑葚彷彿在體驗被黃斑貓咬著無奶水的乳頭的感覺，閉上了眼睛。先不論黃斑貓如何，真不知桑葚懷著什麼樣的心思。後來，桑葚的乳頭甚至都潰爛了。只是做個結紮手術，又不是變性，這到

雖然兒子向坐在自己前方的昂哥
說明了機器戰士水槍的功能、射程，
以及背包式水槍的優點，但是……

　　貓咪（桑葚）從山上帶回來的三順，直到來這
裡一個多月後，才開始稍微融入貓群。

底是怎麼一回事？

　　荒唐的不只這件事。有一天，桑葚領回了一隻三色貓。通常人們會把從路上帶回貓咪的行為稱為「撿貓咪」，雖然很難以置信，不過這不就等於貓咪撿了貓咪回來嗎？桑葚帶回三色貓這件事，感到最不滿的正是櫻桃，顯然是因為孩子的爸帶回一隻母貓，醋勁大發使然。其他貓咪家族的成員，似乎也很不歡迎三色貓。或許是意識到這點，起初三色貓只會在桑葚面前進食，待在牠身旁入睡。

　　想必家族成員如此複雜的貓咪大家庭也不多見。桑葚、櫻桃、小杏雖是街貓，但等同於一家人，大麥、燕麥、小麥則是櫻桃生下的寶寶。到這裡為止還不算特別。但加上路上帶回來的昂哥、從碾米坊領回的四隻黃斑貓、桑葚撿回來的三順，獼猴桃樹屋突然變得「喵」趣橫生。擁有不同出生祕密的貓咪能和諧共處一室（而且這裡又不是貓咪中途之家），對我而言是很新奇又哭笑不得的事。

用蒲公英將貓咪妝點成花貓。
到底……是「花」生了什事？

醬缸四周，滿地的蒲公英。貓咪在蒲公英花田上遛達的身影，是這裡隨處可見的風景。

蒲公英開得燦黃，
至今仍有人兒未歸。
盼君早日歸來。

真正的寧靜，
存在於靜坐的貓咪心中。
——儒勒・雷納爾（Jules Renard）

喜歡櫻花。

喜歡貓咪。

櫻花綻放的季節，不管貓咪
坐於何處，都能成為夢幻的
模特兒。

春風吹拂的香氣裡，
有的不只是櫻花的味道。

只消放上幾朵櫻花，
飯桌前便雅致起來。

對於鄉下的貓咪而言，
大自然是最可靠的背景。

征服地球之類的事太麻煩了，
我們決定在這兒舔屁屁就好。

在路上救回來的昂哥，
厚臉皮地擠在三隻幼貓之間，
喝著櫻桃的母奶。

硬將花環戴到桑葚頭上。
「來，抬起你的頭！」

兒子說，
也要給櫻桃戴花環，
多帶回了一些苜蓿花。

一籃子虎斑貓。

大麥（左邊）
燕麥（右邊）
小麥（中間）

櫻桃向貓寶寶示範如何爬樹，不過孩子們都心不在焉
的，只有昂哥很認真地上課。

當你了解到，小時候，曾是天下無
敵的媽媽，僅是渺小又悲傷的存在
時，表示你已成為成貓了。

嚇！

兒時的朋友，能交上一輩子。

想睡了。

想睡了。

想睡了。

今天有才藝發表會。

不知從何時開始，菜園內用來裝
生菜、辣椒、小黃瓜、節瓜等的
籃子，變成了貓咪的遊樂場。

受困於紗窗上的蝴蝶。每週到鄉下
一次時，只要想睡個懶覺，就必定
會因為貓咪纏著紗窗而被吵醒。

「喵！太陽都曬屁股，還不快給飯！」

貓咪擄獲你心的方法，
單憑牠是隻貓，便已足夠。

我對兩樣東西毫無招架之力，
那就是貓咪和小貓咪。

原來韓國人經常給貓咪取名「蝴蝶」，都是有原因的。
即便沒有翅膀，身手同樣敏捷。

爺孫倆正在釣貓咪。懂得樂趣的感性貓
咪，是不挑垂釣者的。

五歲的姜太公推薦的釣魚勝地。

「我在這兒釣到幾隻虎斑貓，
　每隻都大得不得了。」

正值仲夏，
樹上也生出了零星的貓咪。

真是不可思議，為什麼身為公貓的桑
葚，會當起一群小黃斑貓的保母？
小黃貓也時不時就咬著桑葚沒有奶水的
乳頭，窩在牠的胸口前入睡。

週末午後，
單身貓與情侶貓的差異。

貓咪的感覺可靈了，
牠們曉得，要坐在何處，
才能形成一幅畫。但牠們付諸行動時，
總是不在鏡頭前面。

手舞足蹈到一半，
就這麼
突然停住了？

兒子的水槍多了一項新功能──
裝填貓咪要喝的水。

庭院裡的貓咪，
還得充當諮商貓，
傾聽兒子的各種煩惱。
「喵，你在煩惱什麼嗎？」

不過一年前，拔雜草的現場，
總有桑葚、櫻桃、小杏的身
影，最近則有昂哥在一旁等
待。只要伸出手去拔雜草，這
傢伙就會跟我擊掌。

第一次在山中見到獐的小貓
咪，很認真地向朋友們說
明，獐有多大隻……只是，
大家都沒在聽。

「別小家子氣，
要抬頭挺胸。」
——歌曲〈人生在世〉

有時，貓咪會做出令人無法理解的奇怪舉動，
但大多時候，牠們也不知道為什麼。

互拉頭髮吵架的劇情，
沒有比這更棒的晨間電視劇了。

無所事事也是一種能力。貓咪的
強項之一，就是無所事事。

「倘若舞步亂了，
只管繼續探戈下去。」
——電影《女人香》

過去有句話叫做「三個貓
皮匠勝過一個諸葛亮」，
意思就是⋯⋯嗯，意思是
好的！

5

與貓咪
一起生活

「貓咪像是打算賭上名譽，決心讓自己看起來一無是處。
看到狗就想來一場森林散步，但看到貓就只想遊手好閒。
如果狗是一次元的動物，貓就是二次元的動物。」

●米歇爾・圖尼埃（Michel Tournier）

你無法期待貓咪像狗一樣。如果你希望牠順從如狗，你很快就會失望。

剛出生的幼貓（三藏）脫離室
內，開始跑到外頭玩耍。

獼猴桃樹屋十二隻貓咪的幫主是桑葚。桑葚戒備著挑戰自己權威的小杏，動不動就將牠趕出地盤外，對其他貓咪卻相當寬容。成為丐幫幫主之後，桑葚突然扮演起四隻黃斑貓的媽媽角色。擔負貓媽媽職責的雄貓，頂多也只能讓幼貓咬著沒有奶水的乳頭，不過回歸自己原來角色──丐幫幫主時，這傢伙又展現出威風凜凜的氣勢。特別是在早晨巡視地盤時，除了櫻桃與三順（桑葚帶回來的三色貓）之外，八隻貓咪都列隊緊跟著桑葚。

　　光是想像丐幫幫主領著八名小兵視察地盤的模樣，嘴角就不自覺上揚。即便是在幫主面前井然有序的孩子們，似乎

也忍受不了飢餓。倘若早晨供食時間稍微晚了一些，貓咪就會齊聚一堂，在玄關前示威抗議。這是一場不折不扣的示威，就只差沒舉布條了。獼猴桃樹屋的貓咪在早餐享用完畢後的模樣，是最幸福的風景。吃飽喝足的貓咪，懶散地躺在舒適處，以各自的姿勢梳理毛髮或者休息（才剛休息完，又要休息）。

真是形形色色的貓咪都有，彷彿見到了人類世界的麵包師傅、搓澡工、瑜伽老師、摔角選手、獵人、冥想者，甚至是幼稚園小童。不說別的，黃斑貓並列坐在一塊兒時，像極了身穿鵝黃色衣服的幼稚園小朋友。較晚來到獼猴桃樹屋的黃斑貓，在兩至三週後和其他貓咪變得親近。但即便如此，睡覺時仍可清楚看出彼此的派別。大麥、燕麥和小麥那組與黃斑貓組各自有就寢處，偶爾，他們也會開起只有自己人的「黨會議」。

不隸屬兩個團體的昂哥，平時和大夥兒都親暱，但到了決定性的瞬間，會被兩邊排除在外，變得孤零零的。就連同樣孑然一身的「三順」，也沒打算和昂哥裝熟。黃斑貓雖然和此處的貓咪相當親近，卻對獼猴桃樹屋的人類敬而遠之。

兒子扮家家酒的遊樂場。他正在展
示五味子、枸杞、橡子、野木瓜、
車前草、白三葉草等（每個季節的菜
單不同），動不動就叫路過的貓咪
過來，吃這吃那的。

不過，因為主人會給飯吃，也不能不理不睬。或許兩者算是一種「不能靠得太近，也不能離得太遠」的關係？這些傢伙之所以無法輕易靠近人類，大概是與碾米坊時期經常受人嫌棄、蔑視有關。

獼猴桃樹屋的每一個人，都以自己的方式呼喚這群黃斑貓。我將其中較善於社交、主動靠近人類的貓咪取名為「小黃一號」，根據親密的程度，依序是小黃二號、小黃三號、小黃四號。兒子也只替經常打照面的小黃一號取了「甜甜」這個名字。另一方面，外公則是依據貓咪背上白色部分的多寡，將甜甜喚作小白，臉蛋呈咖哩色的貓咪是無白，背上最多白毛的貓咪則是大白，介於中間的就叫做中白。即便各有名字，但因為很難一眼區分，所以平時大多只喚牠們「黃斑貓」。

比黃斑貓戒心要強的是三順。或許是桑葚帶回來的緣故，三順總是緊跟在桑葚身旁。不管是睡覺或休息時，都像口香糖一樣黏在桑葚旁邊。吃飯時，三順也得察言觀色，但看的不是人類的臉色，而是貓咪們的臉色。在我看來，牠大概認為自己與其他貓咪有別，是一位不速之客。所以就算

是吃飯，也總會等其他貓咪用餐完畢，自己再進食。另一方面，昂哥因為臉皮厚，不管是這一邊，或是那一群，都同樣吃得開。善於交際的昂哥，也深受人類的喜愛，只要有人的地方，旁邊就會有昂哥的存在。

秋天再度來臨，我們等待著突如其來的分娩消息。櫻桃二度懷孕，生下了四個寶寶，包括三隻虎斑貓和一隻三色貓。毛色淺的虎斑貓是「蝦米」，毛色濃的是「攏好」，背部下方有個圓點，尾巴抬繞起來時，看起來像個問號的貓咪是「嘸災」，典型的三色貓則是三藏。桑葚已做了結紮手術，小杏則是害怕桑葚，在屋子裡吃完飯就消失得無影無蹤，因此實在讓人很好奇孩子的爸是誰，後頭山下那戶人家的黃斑貓也不無可能。儘管這分娩來得突然，但既然貓寶寶來到了世上，就得好好對待牠們。

如今，獼猴桃樹屋的貓咪達到了十六隻。除了櫻桃生下的七隻之外，剩下的九隻全是從路上、山上與碾米坊搭救回來的。因為桑葚過強的戒心，小杏如今幾乎成了一名食客，幾天才會現身一次。接受結紮手術之後，桑葚的攻擊性絲毫未減。就連沒有奶水的乳頭，都能給其他貓咪當奶嘴了，為

該來的，還是來了。
兒子終於掌握了讓貓咪
集合的方法。

何獨獨對小杏如此冷淡無情？這個沒了小花生的傢伙，甚至當起剛出生的蝦米、攏好、嘸災、三藏的爸爸，隨時去察看牠們的狀況，辛苦擔起貓媽媽的責任。

小貓的身形逐漸變大，一到了室外，牠們便像期待已久般，橫衝直撞地四處跑跳。這些貓咪同樣和其他貓咪相處融洽，並且和上一代的大麥、燕麥、小麥一樣對人類懷有戒心。雖然只是和人類保持兩到三公尺的距離，心中仍忍不住惋惜。為了和牠們變親近，我經常手持逗貓棒陪牠們玩、拿樹枝逗弄牠們，也用乾糧來和牠們打交道，而貓咪自然是照單全收。貓咪將家門前的醬缸台當成自己的遊樂場，至於延伸至倉庫的路徑，則是噠噠奔跑時的最佳跑道。

櫻桃領著小貓，進行前所未有的獵物追捕練習，還多次跑到田埂或路旁的老鼠洞，親自展現抓老鼠的實戰技巧。因為貓咪拚命練習，老是將前腳伸入，使得醬缸台小山丘的一個老鼠洞生出一條路來，地面也變得滑溜溜的。鼠輩消失之後，最開心的莫過於岳父了。去年老鼠毀了田裡的花生，這次則託貓咪的福，花生長得胖嘟嘟的，足足收穫了一

貓咪很懂得如何能不費吹灰之
力就蹭得食物、如何能獲得舒
適的窩，以及，如何能獲得無
條件的愛。
　　—— W.L.喬治(W.L. George)

在此等早晨，即便有貓咪從濃霧中
接二連三地蹦出來，也不讓人覺得
奇怪。

活蹦亂跳！
冒冒失失！
橫衝直撞！

大布袋，讓岳父笑得合不攏嘴。貓咪不只會抓老鼠，還會抓蟋蟀、螳螂和蚱蜢，放在玄關前給我們當禮物。有一次，更將在地瓜與馬鈴薯田橫行霸道的田鼠給抓來，替岳父分憂解勞。

兒子還小時，桑葚、櫻桃、小杏還像朋友般和他玩在一塊兒，但現在稍微長大了，卻開始有了距離。不過，不懂事的兒子才不管這些，仍想和貓咪維持友好關係。在秋高氣爽的季節，兒子採了各種果實，放在醬缸台（有六、七個醬缸成了扮家家酒的專用地點）上，接著把貓咪叫來，硬是要餵牠們吃。究竟為何要餵貓咪吃枸杞和五加皮呢？有一次還試圖讓貓咪吃白三葉草，心生恐懼的貓咪，自然是逃之夭夭。看到兒子重複此等舉動，貓咪一見兒子就溜之大吉了。

即便如此，努力守護與兒子的友誼到最後的是昂哥。也因這盲目的義氣，有一回昂哥不經意吃下兒子遞過來的橡子，結果弄得一身狼狽。其實，春天時也曾發生過小插曲。兒子將一株株蒲公英鏟起，冷不防地遞給昂哥。「來，吃吧！這是花朵大餐。」看見兒子理直氣壯的舉

最近小貓咪愛上了捕鼠的樂趣。不只
翻遍住家周圍，還爬上後山去抓老
鼠。抓回來之後，也不考慮老鼠的心
情，就這麼把玩好一陣子。

動，以及櫻桃瞬間露出的驚慌表情，令我忍俊不禁，但是笑不出來的櫻桃只能躲到我背後。尤其是最近，兒子絲毫沒有察覺到貓咪躲著自己，經常搖晃掛在黃土地板上的風鈴（兒子稱它為「貓咪鈴」），大喊「貓咪啊，趕快集合！」兒子自稱貓咪學校的老師，但卻與貓咪心目中的理想老師相差甚遠。

　　只要一搖鈴，貓咪就會飛奔而來的時代過去了。兒子也發現了這點。「貓咪都長大了。牠們都有乖乖吃飯，所以長得很快，所以牠們才不來我身邊。我也有乖乖吃飯啊，為什麼我沒有變成大人，還這麼小隻呢？唉！」就在此時，太太轉過身去，笑嘻嘻地說：「真是人小鬼大呀！」我有時會向兒子說起與貓咪共存的道理，說我們一起活在這個世界上，為了讓人與貓咪、人與樹木、人與地球生活在一起，所以不能夠欺負它（牠）們，要像朋友般好好相處。

　　我還補充了一句，「不可以給貓咪樹葉或果實」。此時兒子就會反問：「為什麼不行！」因為目前還無法和兒子談論有深度的話題，所以決定往後再慢慢說給他聽。但至少兒子明白，貓咪是常見的動物，人類要餵動物吃飯、照顧牠們才行。偶爾見到

兒子說要把自己吃的雲朵麵包（兒子將餐包喚作雲朵麵包）分給貓咪，心裡就感到很欣慰。

蝦米、攏好、嘸災、三藏。
剛出生的幼貓，
比起媽媽櫻桃，
有著較強的警戒心。

「人類太忙，貓咪的事自己來！」
逗貓棒斷掉後，有一個禮拜沒辦法跟牠們玩，
結果牠們拿著樹枝，玩起了自助逗貓遊戲。

秋天到了，窸窣地掉了一地貓咪。

是在演久別重逢嗎？以為是感人的擁抱畫面，結果卻來個大逆轉。互揪脖子還不夠，還狠咬對方，來個過肩摔。

「人客，我來幫您洗頭毛，脖子請放鬆喲。」

試煉一途，既遙遠又險惡。
——妙霖法師

棚子上頭的黑影，
究竟是何方神聖？

「捏我嘴邊肉好玩嗎?」

在所有動物裡頭，
唯有貓咪達到了冥想人生的境界。
——安德魯・朗格（Andrew Lang）

拿著狗尾草釣貓咪時，總覺得好像是自己被釣了。
尤其見到貓咪這天真無邪的眼神時，更覺得這些傢
伙正在釣人類。

這小子根本在拍《貓的報恩》嘛。
要是給牠一枝掃帚，我看牠就要開
始掃庭院了。
我等會兒要去超市，能不能幫忙推
個推車啊？

「要大醬、有大醬，要辣椒醬、有辣椒醬，哎喲，大嬸，今天醬油味道可好了，嚐嚐這芝麻葉吧！喂，那邊的小媳婦兒，來這兒看喇！」

試著把老鼠釣竿掛在晾衣架上。

貓咪的零食時間。
兒子和太太經常拿貓咪喜愛的吐司和餐包，
分給庭院的貓咪吃。

貓咪櫻桃和昂哥跟著兒子一塊兒散步去。走到一半,
兒子開始玩泥土時,櫻桃就會向前去,說服他趕緊上路。
不知道是在走路,還是在玩耍,下午的散步時光,
因為有貓咪相伴,變得更加散漫了。

哭哭，你就這麼走掉了。
以後再也別出現在這一帶。

吃完之後，要快快長大，
變成優秀的貓咪喔。

倉庫的門板，
逐漸變成了小貓咪的
專用抓板。

當庭院的貓咪達到十隻以上，
就算沒有導演，每一刻也都在
上演庭院劇。

秋高氣爽，
貓咪發福的季節。
竹竿上的衣服慢慢地乾了，
貓咪的時間、
小孩的時間也緩緩流逝著。

我叫你不要亂爬了吧？

很喜歡此時的白樺樹。要是幾隻貓咪
爬上去坐著，寂寥的心就會如枯葉般
嘩啦嘩啦落下。

今天一整天，
後院的銀杏樹劇場上演著貓咪秀。
代替花粉落下的銀杏葉也很美，
窺探山谷的秋天就這麼離去了。

以為沒人在看，
所以才興高采烈地手舞足蹈。
呃，
結果那邊有人在看。

謝謝所有母親，
讓我們來到這世上。
來個突襲
擁抱！

想抓別人尾巴卻失手時，
只要假裝一開始是要舉手喊
「加油」就行了！
（很好，很自然。）

小貓咪啊！天氣很冷，
出門時記得提高衣領。

6

不知不覺
成了貓缸台

「與貓同居之人必定曉得，
沒有人能真正擁有貓咪。」

● 愛倫・裴莉・柏克萊（Ellen Perry Berkeley）

越了解貓咪，
就越覺得難以捉摸。

別被熟悉感給矇騙了，
忘記了貓咪有多珍貴。

貓咪和兒子都長大了。桑葚、櫻桃、小杏初來乍到時，兒子才剛學會說話，還是個穿著尿布、無法自己大小便的兩歲十個月的孩子（神奇的是，在貓咪來到此地後不久，兒子便不再穿尿布了。似乎是因為外婆一再地叨唸，貓咪這麼幼小，也懂得自己大小便，讓兒子受到了刺激）。如今兒子已五歲，光看他的外表，許多人都會以為是小學生。

　　貓咪成長的速度更快，以人類的年齡來看，第一代的桑葚、櫻桃、小杏已有二十四歲（用貓咪的年齡來換算，兩歲等於人類的二十四歲）。隨著年紀的增長，貓咪的好奇心明顯降低許多。即便猛力搖晃逗貓棒，出現反應的仍只有最晚出生

一切都徹底凍結的冬天。對貓
咪而言，未結凍的一碗水，就
如飼料一樣令人開心。

的幼貓。出生三個月以內的貓咪，即便不是逗貓棒，只要手持樹葉晃動，牠們就會隨之起舞。當枯葉發出窸窣聲響，貓咪也會猛地起身，若是有鳥兒在飛，就會發出喀喀聲（貓咪見到獵物後，因激動所發出的聲音）。但是貓咪成年後，就會明白窸窣聲是來自枯葉，鳥兒飛走了，也不能奈牠何，對周圍變得遲鈍無感。當貓咪對環境的感覺逐漸鈍化、不太理睬人時，便算是進入成貓階段了。

貓咪來到獼猴桃樹屋後，迎來了第二個冬天。身為過來人的桑葚與櫻桃，努力裝出泰然自若的樣子，但仍躲避不了寒風（小杏則逐漸行蹤不明）。我將兩個龐大的箱子連接在一塊兒，外頭以氣泡紙包覆，打造出「保暖屋」。但一次要讓十隻以上的貓咪進入的話，實在是太小了。有一回，我曾看到足有十隻貓咪從保暖屋爬出來。在那之前，最後進去的黃斑貓，不管牠再怎麼擠，就是無法把腳全塞進去，只好晾著兩條腿在洞口外頭。一週後，我又打造了一棟保暖屋，放在原來房子旁邊。由氣泡紙包覆的紙箱房子，整個冬季都深獲貓咪的喜愛，若說大部分的貓咪都是在這兩棟房子裡過冬也不為過。

對貓咪來說，你就是聖誕老人。向貓
咪伸出溫暖之手的世界及聖誕老人，
加油！

其實，除了桑葚、櫻桃、小杏以外，對其他貓咪而言，這是貓咪生涯的第一個冬天。下初雪的那天，我正巧和貓咪在一塊兒，剛出生的蝦米、攏好、嘸災、三藏的反應煞是有趣。牠們瞪大了眼睛，訝異地來回望著從天而降的雪花，以及逐漸堆高的雪地，似乎感到很錯亂。偶爾，牠們會以前腳去戳積雪，卻被突如其來的冰涼，嚇得身子一震。我以開玩笑的心態，捏了雪球扔過去，結果蝦米這小子的臉孔充滿了好奇心，直勾勾地盯著雪球，接著開始到處運球，令我大吃一驚。也許是蝦米運球的模樣看起來太有趣，就連在遠處觀戰的昂哥都來插一腳。

蝦米與攏好也時常在結冰的池塘上玩冰球。只要丟給牠們適當大小的兩、三顆石子來取代冰球（puck），牠們就會踢來踢去，玩得不亦樂乎。若是投以生長於池塘的香蒲果實（長得像熱狗的狗尾草），牠們就會彷彿拿著魚板串在玩耍般興致盎然。起初僅有蝦米與攏好愉快嬉戲，後來昂哥和黃斑貓也接二連三地跳進滑冰場，狹小的池塘頓時變得好不熱鬧。

這麼一看，貓咪確實比任何動物都懂得創意玩法。若冰

貓咪緊抱著
太太的褲管，
要她別走。

受太太滿滿疼愛的攏好。抬起頭時，彷彿搽了口紅般的「ㄟ」型嘴唇很有魅力。

面有石子，牠們就能玩起冰球，在空地上丟一顆網球，貓咪就會當成足球來踢。要是人類不拿逗貓棒陪牠們玩，就會有一隻貓咪負責搖晃樹枝，另一隻則會抓來玩，享受著自助逗貓遊戲。貓咪還會躲在櫻花綻放的樹枝後，玩起捉迷藏；跆拳道與功夫結合的決鬥遊戲也隨時上演著。站在人類的立場，光觀賞貓咪玩耍，就足以笑開懷，絲毫不覺時間流逝。

在獼猴桃樹屋，最受貓咪喜愛的空間即是醬缸台。即便到了冬天，「貓缸台」這名稱依然適用，甚至有更多的貓咪來這兒玩耍。偶有五隻貓咪跑來，採一貓一缸的方式，成排坐在上頭，亦有十隻貓咪同時閒散地坐在醬缸上頭的時候，於是有人便稱它為天然的貓爬架。雪融、下雨或落下的霜融化之際，貓咪會享用起醬缸台上的露水，就算我另外裝了一碗水，貓咪仍鍾情於醬缸蓋的露水。

貓咪和醬缸台，兩者很巧妙地相襯。無論是起霧，或是下雪。秋天時，搭配一幅楓葉美景，夏天則有綠蔭背景。到了春天，有蒲公英、高麗白頭翁與狗舌草率先開花，接著依序是三椏烏藥花朵、櫻花與桃花。不久前，日本某雜誌曾介紹過「韓國的貓咪」。當時委託的編輯最滿意的照片，即是

以有如PUMA商標的
身手飛躍是很好啦，但我擔心
無辜的醬缸會因此被打破。

貓咪為要去醫院接受結紮手術的
傢伙們送行。等著吧，很快就輪
到你們了。

盤坐於醬缸台上的貓咪寫真。對方還補充道：「醬缸台的貓咪寫真是最具韓國風情的風景，是日本、中國或是其他國家都見不著的。」總之，此等景象在韓國也很稀罕，但在獼猴桃樹屋卻是最熟悉的風景。

當春風開始拂過山谷，貓咪將地盤擴張至後山與兩旁的山。有時牠們會在兩旁的山坡、枯木爬上爬下，有時則成群東倒西歪，躺在後山野玫瑰藤蔓的陰涼處，無所事事地度過白天時光。三月的貓咪，命可真好啊！山脊上的三椏烏藥，花朵開了又謝，接著輪到櫻花綻放。陽光如此迷人，又有百花齊放，獼猴桃樹屋也迎來了可愛貓咪的季節。

為了幫庭院的貓咪拍團體照,於是讓毛小孩齊聚
一堂。嗯,果然一點也不聽話。

與宇宙溝通中，
尾巴是天線！
（其實貓咪豎高尾巴，喵喵叫著
走近，跟你對上眼神的行為，是
一種「我肚子餓了，給我飯」的
尾巴語言。）

繞圈跳舞。

不管何時，貓咪在飯桌前
彼此貼著臉吃飯的模樣，
總是很惹人愛。

生平第一次見到雪的小貓咪。
表情彷彿是在問我，從天上落下、白白
涼涼的東西是什麼？

即便下雪，
水還是要照喝。

家門前的獼猴桃樹，成了貓咪喜愛的貓爬架兼抓板。有
很多人知道貓咪喜歡葛棗獼猴桃（木天蓼），但看到獼猴
桃樹屋的貓咪之後，才知道牠們喜歡挖地，還有齧咬獼
猴桃樹的樹根。

我們
帶著舔毛的偉大使命，
誕生在這塊土地上。

不經意地瞥了旁邊一眼。

占領工地推車，
示威中。
「每週一次零食，
增加為每週三次！
只喜歡三色貓的主人
快快悔悟吧！」

最近女團的舞蹈好難佳喔！

說到跳舞，還是江南 Style 最來勁。

「來，給你拍吧！」
當了三年模特兒後，貓咪都很會擺POSE。
（後面的傢伙才三個月，所以還傻里傻氣的⋯⋯）

雖然腿兒短短，
但在這裡大夥兒都得這麼喝水。
那就這樣喝吧。

從醬缸台改名為貓缸台。

我替變成貓爬架與貓咪遊樂場的此處取了個名字——「貓缸台」。不久前，我曾受日本某雜誌的委託，刊登了「韓國貓咪」的作品，當時編輯最感興趣的照片，也是醬缸台與貓咪融為一體的風景，因為那些照片的貓咪最有韓國味。

突襲擁抱，
突襲親親。

仰天祈求，直至生命結束那天，
　　身上沒有半點髒髒。
屁屁上沾到的痕跡令我痛苦萬分。
　　　　　　　　　　　　（略）
　今夜，毛毛也被舌尖拂過。

五貓照。
五隻貓咪各據一缸的模樣。

最新快報，有民眾目擊
院子裡有昂首闊步
的企鵝貓。

挑戰不可能的任務。

庭院裡的貓咪將地盤擴張，接收了隔壁山頭。貓咪們爬上最高的那棵樹木，蓋下了足印。就好像這裡成了拍照區，大家都跑來拍紀念照一樣。

桑葚小時候很喜歡窩在太太懷中，
長大之後，也喜歡讓太太抱著。
（她沒想過，自己總是只抱桑葚嗎？）

這小子居然想解開
別人媳婦的衣帶。

325

我們
很愛貓咪。

躲貓貓。

有看過玩冰上曲棍球的貓咪嗎？丟給牠們
兩顆石子取代冰球，牠們就會踢來踢去，
玩得不亦樂乎。還有比貓咪玩得更有創意
的動物嗎？光是觀賞這些傢伙玩耍，就能
令人忘記時間。

內心是獅子王。

（現實是膽小如鼠）

「這裡的主人跑去哪兒了？趕快把飯交出來！」
只要供食晚了點，庭院的貓咪就會在玄關前示
威。從裡頭看真的很可觀。

和貓咪一起生活，就代表必須把獨一無二的椅子讓
給貓咪。而讓給貓咪的東西，正在逐一增加。

只要這麼坐著等，
春天就會來嗎？
花兒就會開嗎？
至今尚未歸來的你，
會歸來嗎？

別加油。
就算不加油也無妨，
我會在身邊陪你的。

「要給孩子一個去愛的對象，
誤入歧途的青少年，
即是沒有貓狗相伴的孩子。」
——羅曼‧加里（Romain Gary）

國家圖書館出版品預行編目資料

人類太忙，貓咪的事自己來 / 李龍漢
◎文字 / 攝影 ; 簡郁璇◎譯. ——初版
——臺北市：大田，民107.01

面；公分 . ——（Titan ; 124）

ISBN 978-986-179-511-9（平裝）

437.3607   106020449

Titan 124

人類太忙，貓咪的事自己來

作　　者 | 李龍漢◎文字 / 攝影　簡郁璇◎譯

出　版　者 | 大田出版有限公司
台北市10445 中山北路二段26 巷2 號2 樓
E - m a i l | titan3@ms22.hinet.net http：// www.titan3.com.tw
編輯部專線 |（02）2562-1383 傳真：（02）2581-8761
　　　　　【如果您對本書或本出版公司有任何意見，歡迎來電】

總　編　輯 | 莊培園
副 總 編 輯 | 蔡鳳儀　執行編輯：陳顗如
行 銷 企 劃 | 古家瑄/ 董芸
校　　對 | 金文蕙/黃薇霓
手　寫　字 | 陳欣慧
排　　版 | 陳柔含
印　　刷 | 上好印刷股份有限公司（04）2315-0280
初　　版 | 2018 年01 月10 日 定價：450 元
國 際 書 碼 | ISBN 978-986-179-511-9 /CIP: 437.3607/106020449

總　經　銷 | 知己圖書股份有限公司
台　　　北 | 台北市106 辛亥路一段30 號9 樓
　　　　　TEL（02）23672044 / 23672047　FAX：（02）23635741
台　　　中 | 台中市407 工業30 路1 號
　　　　　TEL（04）23595819 FAX：（04）23595493
E - m a i l | service@morningstar.com.tw
網 路 書 店 | http://www.morningstar.com.tw
郵 政 劃 撥 | 15060393
戶　　名 | 知己圖書股份有限公司

意想不到的驚喜小禮 等著你！

只要在回函卡背面留下正確的姓名、
E-mail和聯絡地址，並寄回大田出版社，
就有機會得到意想不到的驚喜小禮！
得獎名單每雙月10日，
將公布於大田出版粉絲專頁、
「編輯病」部落格，
請密切注意！

編輯病部落格

大田出版

姓　　名：_____

性　　別：□男 □女

生　　日：西元_____年_____月_____日

聯絡電話：_____

E-mail：_____

聯絡地址：_____

_____

教育程度：□國小 □國中 □高中職 □五專 □大專院校 □大學 □碩士 □博士

職　　業：□學生 □軍公教 □服務業 □金融業 □傳播業 □製造業
　　　　　□自由業 □農漁牧 □家管 □退休 □業務 □SOHO族
　　　　　□其他 _____

本書書名：0710124 人類太忙，貓咪的事自己來 _____

你從哪裡得知本書消息？
　　□實體書店 _____ □網路書店 _____ □大田 FB 粉絲專頁
　　□大田電子報 或編輯病部落格 □朋友推薦 □雜誌 □報紙 □喜歡的作家推薦

當初是被本書的什麼部分吸引？
　　□價格便宜 □內容 □喜歡本書作者 □贈品 □包裝 □設計 □文案
　　□其他 _____

閱讀嗜好或興趣
　　□文學 / 小說 □社科 / 史哲 □健康 / 醫療 □科普 □自然 □寵物 □旅遊
　　□生活 / 娛樂 □心理 / 勵志 □宗教 / 命理 □設計 / 生活雜藝 □財經 / 商管
　　□語言 / 學習 □親子 / 童書 □圖文 / 插畫 □兩性 / 情慾
　　□其他 _____

請寫下對本書的建議：